Somenath Dey

Explorar a vida selvagem de Dooars - Estudar as provas indirectas

Somenath Dey

Explorar a vida selvagem de Dooars - Estudar as provas indirectas

ScienciaScripts

This book is a translation from the original published under ISBN 978-3-330-01432-9.

Publisher:
Sciencia Scripts
is a trademark of
Dodo Books Indian Ocean Ltd. and OmniScriptum S.R.L publishing group

120 High Road, East Finchley, London, N2 9ED, United Kingdom
Str. Armeneasca 28/1, office 1, Chisinau MD-2012, Republic of Moldova, Europe
Printed at: see last page
ISBN: 978-620-7-90599-7

Índice:

EXPLORAR A VIDA SELVAGEM DOS DOOARS
ATRAVÉS DO ESTUDO DE PROVAS INDIRECTAS

Por

Dr. Somenath Dey
M.Sc., Ph.D., F.S.Sc., F.M.S.E.T. e F.I.C.C.B.
Professor assistente (Serviço de Educação de Bengala Ocidental),
Departamento de Pós-Graduação em Zoologia,
Darjeeling Government College,
19 - Lebong Cart Road,
Darjeeling - 734101, Bengala Ocidental, Índia.
Antigo professor de Zoologia,
Krishnagar Government College,
Krishnagar, Nadia, Bengala Ocidental, Índia.
E
Antigo professor assistente de Zoologia (licenciatura) e
Biologia da Conservação (pós-graduação),
Durgapur Government College,
J. N. Avenue, Durgapur - 13,
Burdwan, Bengala Ocidental, Índia.

DEDICAÇÃO

Este livro é dedicado aos meus pais e aos professores que me ensinaram Zoologia

PREFÁCIO

Este é apenas um fator de oportunidade para observar a vida selvagem no seu habitat natural, *ou seja,* as florestas. De acordo com a natureza, os animais selvagens evitam sempre a existência humana. Por isso, muitos visitantes das florestas lamentam frequentemente a presença de animais selvagens em qualquer floresta. Mas é possível observar a vida selvagem estudando os indícios indirectos da presença de vida selvagem numa floresta.

Dooars é a região montanhosa dos Himalaias orientais e é naturalmente muito rica em diversidade de vida selvagem. Por esta razão, existem vários tipos de florestas em Dooars. Existem muitos parques nacionais, santuários de vida selvagem, bem como reservas de tigres nesta região.

O estudo de provas indirectas mostra que a região de Dooars continua a ser rica em vida selvagem. No entanto, tal como acontece em muitas zonas florestais da Índia, a vida selvagem da região de Dooars é também propensa a ataques e intervenções antropogénicas. Devido a muitos problemas nacionais e internacionais, a vida selvagem está a diminuir de dia para dia. O governo, as organizações não governamentais e os activistas sociais não podem omitir as suas responsabilidades na proteção da vida selvagem de Dooars. A relação entre a vida selvagem e a população humana é parte integrante da vida nos Dooars.

Espera-se que os leitores apreciem este livro em todas as suas dimensões. Este livro revelar-se-á útil sobretudo para os investigadores e os estudantes do ensino superior das ciências zoológicas e florestais.

Dr. Somenath Dey
setembro de 2017

AGRADECIMENTOS

Sinto-me privilegiado por poder agradecer à Directora de Instruções Públicas, Governo de Bengala Ocidental, pela sua ajuda financeira e pelo seu grande interesse neste trabalho. Estou igualmente grato ao Conservador Principal Adicional das Florestas, Governo de Bengala Ocidental, pela sua imensa e incondicional ajuda e cooperação.

Gostaria também de agradecer ao Prof. (Dr.) M. Raziuddin, Pró-Vice-Chanceler aposentado da Universidade de Ranchi e membro da equipa de pares da NAAC, University Grants Commission, Nova Deli; ao Prof. Roy, Dr. D. N. Sadhu, Dr. A. K. Sharma, Dr. K. K. Gupta e Dr. B. K. Gupta do Departamento de Zoologia da Universidade Vinoba Bhave, Hazaribag, pela ajuda e incentivo que me deram no decurso do meu estudo.

Devo também a minha gratidão ao Professor (Dr.) D. R. Mandal, Vice-Chanceler, Sidho Kanho Birsa University, Purulia, Bengala Ocidental; ao Dr. N. C. Saha, Vice-Chanceler, University of Burdwan, Burdwan, Bengala Ocidental; ao Professor (Dr.) G. Singh, Vice-Chanceler, Universidade Vinoba Bhave e Professor (Dr.) M. P. Sinha, Pró-Vice-Chanceler, Universidade Vinoba Bhave, Hazaribag, Jharkhand; e Dr. P. K. Das, Ex-Secretário Membro, Conselho do Ensino Superior, Governo de Bengala Ocidental, pela sua imensa ajuda e cooperação.

I am indebted to Dr. P. C. Lama, Dr. W. Henry, Mr. R. Yonle, Mr. Y. Gurung, Mr. D. Bhutia, Mr. N. Shee, Mr. M. Mondal, Mrs. R. Pradhan, Mrs. N. Chettri, Mr. R. Verma, Mr. S. Thapa, Mrs. B. Thapa, Mrs. S. Pradhan, Miss M. Yolmo, Miss A. Lepcha, a Sra. P. Mukhia, a Sra. S. Pradhan e a Sra. S. Rai do Departamento de Zoologia do P. G. e o Dr. A. Bhattacharyya, o Dr. S. Mitra, o Dr. A. Ghosh, o Sr. C. Naskar, o Sr. S. Halder, o Dr. S. Ojha, o Sr. K. Biswas, o Dr. D. Saha, o Dr. R. Saha, o Dr. A. P.

Mukhopadhyay, J. Dutta, S. Haque, G. Dey, M. Hasumuzaman, S. Gupta, S. R. Rai, B. Pradhan, K. Basnet, R. K. Chettri, B. Tamang, N. Sherpa, M. Ghissing, S. Singh, P. Rai, J. Mondal, J. A. Miah, Dr. P. Ghosal, Sr. G. D. Subba, Dr. N. Parier, Dr. A. Thami, Dr. D. Tamang, Sra. R. Pradhan, Menina S. Lama, Dr. T. K. Pal, Sr. N. Subba, Miss S. Rai, Dr. S. Kar, Mr. W. Hussen, Mr. R. Saha, Dr. S. K. Singh, Mr. P. Singh, Dr. S. Pal Saha, Dr. S. Bhutia, Mr. S. Lama, Dr. D. Mitra, Sr. S. Haque, Dr. L. G. Bhutia do Darjeeling Government College; Dr. M. Bahadur, Dr. S. Barat, Dr. D. Saha e Sr. T. Saha do P. G. Department of Zoology, University of North Bengal; Dr. D. Thapa, Dr. B. Bera, Smt. A. Subba, Smt. B.

Joseph's College, North Point, Darjeeling, Bengala Ocidental e Dr. M. L. Acharjee do Kalimpong College, Kalimpong, Bengala Ocidental; Dr. N. Pandyel e Sr. S. Banerjee, General Degree College, Pedong, Kalimpong pelo seu grande interesse neste estudo.

Estou igualmente grato ao Dr. A. Demta, Departamento de Zoologia, St. Columba's College, Hazaribag; ao Dr. S. Kumar, Departamento de Zoologia, J. J. College, Jhumari Talaiya; ao Dr. T. K. Saha, Departamento de Zoologia, Annada College, Hazaribag; Dr. M. K. Singh, I.G.S.I. College, Mandu; Dr. M. Kumar, K. O. College, Gumla, Jharkhand; Dr. A. K. Bhattacharya, U.S.I.C., Universidade de Burdwan; Dr. S. Chottopadhay, ex-diretor, e Dr. S. Chakraborty, professor encarregado, Panchakot Mahavidyalaya, Neturia, Purulia; Dr. L. N. Neogi, ex-diretor, Kulti College, Kulti, Burdwan; Dr. S. Mukhopadhyay, ex-diretor e Dr. T. Karpha, Principal, Dr. R. N. Mandal, P. G. Department of Zoology, Dr. S. Halder, Dr. P. Chakraborty, Dr. S. Chakraborty, Hooghly Mousin College, Chinsura, Hooghly; Dr. D. Sarkar, Principal, Chandannagar College, Hooghly; Dr. S. Dutta, Diretor, e Dr. S. Saha, Dr. E. Haque, Dr. S. Poddar e Sr. S. Guria, Barasat Government College, Barasat, North 24 Parganas; Dr. S. Chakraborty, Diretor; Dr. D. Chakroborti e Dr. S. Chakraborty General Degree College, Singur, Hooghly; Late Mr. A. Maity, Dr. P. Das e Dr. S. Das, Krishnagar Government College, Krishnagar, Nadia; Dr. J. K. Biswas e Dr. H. Kumar, University of Kalyani, Nadia; Dr. G. Mandal, Geonka College of Commerce, Kolkata; Mr. M. K. Haldar, Universidade Aberta Netaji Subhas, Campus de Kalyani, Kalyani, Nadia; Sr. A. Das, Dr. J. Chakraborty, Menina D. Sarkar e Sra. S. Chettri do Colégio A.P.C.R., Siliguri; Dr. S. Sengupta, Dr. A. K. Chakraborty, Dr. P. Chakraborty, Dr. G. Chanda e Dr. A. Barik, Universidade de Burdwan, Burdwan; Dr. M. Manna, Diretor e Dr. A. Bhattacharya, Bidhan Nagar Government College, Calcutá; Dr. A. Pal e Dr. P. Rajak, P. G. Department of Zoology, A. B. N. Seal College, Coochbihar; Dr. P. Paramanik, Diretor, Colégio Governamental de Durgapur, Dr. S. Das, Dr. U. Singha Roy, e Sr. S. Dhali, Sr. K. Mitra, Departamento de Zoologia e Dr. S. K. Roy, Dr. D. Palit, Sr. P. Mandal, Dr. D. Chakraborty, Dr. S. Palit, Dr. N. Barman, Dr. N. Das, Dr. P. Karmakar, Dr. P. Roy, Dr. P. Chatterjee, Dr. P. Samanta e Dr. K. Kumar, Durgapur Government College, Durgapur, Burdwan; Dr. D. P. Mandal, Barasat State University, Barasat; Dr. S. R. Dey e Dr. A. Mitra, Department of Zoology, City College, Kolkata; Dr. S. Dutta e Sri. S. Mukhopadhyay, Bethune College, Kolkata; Dr. S. Sarkar, Dr. S. Mallik, Jhargram Raj College, Jhargram, Paschim Midnapore; Sr. A. Sarkar, Diretor-Geral;

Sr. R. Dey, Dr. K. Chatterjee, General Degree College, Manbazar II, Purulia; Dr. N. Sherpa, Diretor-Geral, General Degree College, Hilli, Dakshin Dinajpur, Dr. S. Pal, General Degree College, Kushmandi, Dakshin Dinajpur; Dr. S. Shit, Government Engineering College, Jalpaiguri; Dr. A. Ghosh, Dr. A. Kundu, Dr. S. Panda, Sri. A. Sharma Roy, Maulana Azad College, Kolkata; Sri. R. Chatterjee, Dr. D. Sengupta, Sanskrit University (College), Kolkata; Dr. P. Gangopadhyay, Institute of English Studies, Kolkata; Dr. G. Saha, University of Calcutta,

Kolkata; Dr. S. Bhattacharyya e Dr. S. Roy, Viswa Bharati; Sr. P. Sanphui, Habra Sri Chaitanya College, Habra; Dr. N. Das, Nawadip College, Nadia; Dr. S. Mahato e Sr. K. N. Hasan, Universidade Sidho Kanho Birsa, Purulia, Bengala Ocidental; Dr. A. Chettri e Dr. D. Chettri, Universidade de Sikkim, Sikkim, que foram uma fonte de encorajamento para mim durante o meu trabalho.

Estou especialmente grato aos meus alunos, Sr. S. Barai e Sr. B. B. Barman, pelo seu imenso apoio e ajuda durante este estudo.

Gostaria de expressar o meu amor e consideração pelos meus pais, o falecido Sabindra Nath Dey e a minha mãe, Swapna Dey; o meu irmão mais novo, Shri Satyaki Dey; a minha mulher, Kasturi Dey; a minha filha, Sohini Dey e o meu filho, Saunak Dey e todos os meus amigos e colegas que sempre rezaram para que este trabalho fosse concluído com êxito.

Por último, mas não menos importante, devo os meus sinceros agradecimentos à população da região de Doors pela sua imensa e incondicional ajuda e também a muitos outros que, direta ou indiretamente, me ajudaram no decurso do meu projeto de livro.

DR. SOMENATH DEY

CAPÍTULO 1

INTRODUÇÃO

Na Índia, bem como a nível mundial**, existe** um **bom** número **de** florestas **disponíveis** para o **ecoturismo e** é gerado **um** montante considerável de receitas pelos **visitantes** ou turistas. Tal como noutras partes do mundo, também na Índia essas **florestas** estão **distribuídas por** muitos estados do país. Cada uma destas **florestas** tem características próprias, condições climáticas locais, **distribuição** florística e padrão de distribuição da vida **selvagem**; mas uma **coisa** é comum a **todas elas**, ou seja, depois de visitar uma destas florestas, o maior número de turistas exprime a sua **opinião**, ou **melhor,** queixa-se de que não **há** vida selvagem visível **na** floresta. **Este ponto de** vista é **também** apoiado **pelo** conteúdo da Figura No. 1(A **citação** do Zoólogo Russo**, Yuriy Dmitriev**: "A minha primeira visita **a** um santuário foi totalmente **insatisfatória**. Não foi por isso, eu estava

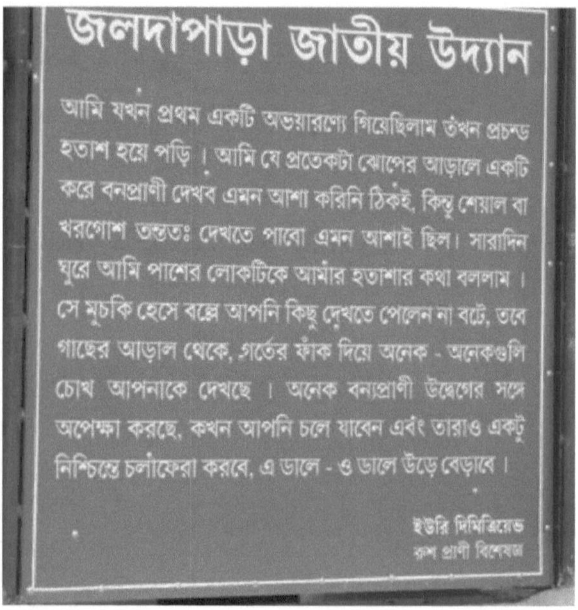

Fig.l: Uma legenda relacionada com a vida selvagem presente no Parque Nacional de Jaldapara (Citado por Yuriy Dmitriev, um zoólogo russo).

Esperava animais selvagens atrás de cada arbusto, mas o avistamento de uma raposa ou de um coelho estava na minha lista de desejos. Durante todo o dia, expressei a minha frustração ao homem que estava ao meu lado. Ele riu-se e respondeu-me que, apesar de não ter avistado nada, muitos olhos estão a observá-lo a partir dos seus esconderijos atrás das árvores e das tocas. Na verdade, a maioria dos animais selvagens está à espera que se vá embora, para poderem sair, mover-se e voar livremente"). E é esta a inspiração para a realização deste projeto. As evidências indirectas da presença de vida selvagem desempenham um papel vital nos estudos da floresta, tanto para fins académicos como turísticos.

"Se queres sobreviver, deves proteger as florestas" - uma das principais conclusões de um naturalista desconhecido. Mas é um facto que, dia após dia, não só perdemos a nossa biodiversidade, como também avançamos um passo em direção à nossa própria destruição devido a um sistema de gestão não planeado e, o que é mais significativo, isto não se deve às nossas necessidades, mas apenas à nossa ganância. A natureza pode facilmente satisfazer as nossas necessidades, mas é quase impossível satisfazer a nossa ganância. Por conseguinte, antes da extinção, é da nossa maior responsabilidade proteger as florestas para a nossa própria sobrevivência.

Para estudar a presença de vida selvagem através de provas indirectas, foram seleccionadas diferentes florestas, algumas das quais pertencem à categoria de "Parque Nacional" e outras à categoria de "Parque Não Nacional", o que não significa que estas florestas não sejam ricas em biodiversidade e em vida selvagem, mas sim que estão repletas de biodiversidade e de beleza natural. As evidências indirectas da presença de vida selvagem desempenham um papel vital nos estudos da floresta, tanto para fins académicos como turísticos.

Existe muito pouca literatura disponível sobre estudos de evidências indirectas da presença de vida selvagem, tanto a nível nacional como internacional. A nível nacional, Sharma *et al.,* em 2013, efectuaram um estudo sobre carnívoros e presas no Parque Nacional de Kalesar; em 2008, Datta *et al.,* estudaram a abundância de grandes carnívoros e presas no Parque Nacional de Namdapha e, em 2013, Manoj *et al.,* estudaram os cenários florestais e de vida selvagem do Norte de Bengala Ocidental. A nível internacional, em 2002, Little *et al. estudaram as* passagens de animais selvagens nos EUA e, em 2010, Callaghan *et al.* estudaram a abundância de koalas na Austrália através do estudo de provas indirectas de plantas. Por conseguinte, o presente trabalho é altamente significativo na sua natureza e na exigência do tempo.

Bengala Ocidental é o quarto estado mais populoso da Índia e está situado na região oriental do país. Da sua área geográfica total, 13,38% estão classificados na categoria de florestas registadas, em comparação com o valor nacional de 23,38%. Da área florestal total de Bengala Ocidental, 59,38%, 31,75% e 8,87% estão classificadas como florestas reservadas, protegidas e não classificadas, respetivamente. Além disso, as zonas protegidas compreendem 3,26% da sua área geográfica, sendo constituídas por 14 santuários de vida selvagem e 6 parques nacionais. O Estado possui duas reservas de tigres: Sundarbans e Buxa. Sundarbans (do lado indiano) faz fronteira com o país vizinho Bangladesh a sudeste, enquanto Buxa faz fronteira com o país montanhoso Butão a norte. Sundarbans foi declarada reserva da biosfera, que inclui a Reserva do Tigre de Sundarbans e o Parque Nacional de Sundarbans. Além disso, existem também duas reservas de elefantes no Estado, a norte e a sul, nomeadamente Eastern Dooars e Mayur Jharna, respetivamente (Forest Survey of India, 2009). A invasão das florestas, a perda de habitats, a degradação dos habitats e as actividades de desenvolvimento, como a construção de estradas e linhas de caminho de ferro, bem como o aumento do número de seres humanos e de animais selvagens, especialmente de herbívoros selvagens, estão a aproximar o homem e a vida selvagem, dando origem a muitos conflitos entre o homem e a vida selvagem no Estado. Por exemplo, o relatório florestal do estado de Bengala Ocidental indica que, durante os anos 2010-2011, 96 pessoas, 3 pessoas e 4 pessoas foram mortas por elefantes selvagens, leopardos e gaurs, respetivamente. Além disso, 2 pessoas e 12 pessoas também foram feridas pelos leopardos e gaurs, respetivamente. No mesmo período, 2 elefantes morreram devido a mortes por retaliação e 19 tiveram morte acidental.

Também foi registada a morte de um leopardo e 4 gaurs devido a acidentes durante os anos de avaliação de 2010-2011 (Relatório Florestal do Estado, 2010-2011). Por vezes, não é possível estudar diretamente os animais selvagens, pelo que, no presente estudo, estamos a tentar estudar a presença de vida selvagem com base em evidências indirectas, como marcas de patas, pegadas, sinais de alimentação, trilhos e túneis, marcas de fricção e excrementos.

Florestas e zonas protegidas do Norte de Bengala:

A parte norte de Bengala Ocidental inclui três distritos, nomeadamente Jalpaiguri, Darjeeling e Cooch Behar. A situação atual das áreas florestais nestes três distritos é apresentada no Quadro-1. Jalpaiguri tem a maior área geográfica, com 6.227 km2

QUADRO N.º 1: Situação atual das áreas florestais em três distritos ts do norte de Bengala Ocidental

Áreas de trabalho (Todas as áreas em km²)	Distritos			Em toda a Bengala Ocidental	Em toda a Índia
	Jalpaiguri	Darjeeling	Treinadorbehar		
Área geográfica	6,227	3,149	3,387	88,752	3,287,240
Florestas reservadas	1,483	1,115		7,054	423,311
Florestas protegidas	217		42	3,772	217,245
Florestas estatais não classificadas e outras	90	89	15	1,053	127,881
Área florestal total registada	1,790	1,204	57	11,879	768,437
Área florestal registada em %	28.75	38.23	1.68	13.38	23.38

seguida de Cooch Behar (3 387 km2) e Darjeeling (3 149 km2). No entanto, as áreas florestais registadas não seguem esta tendência, uma vez que Cooch Behar tem a menor área florestal, com apenas 57 km2, o que, em percentagem, corresponde a uns minúsculos 1,68% da área geográfica do distrito. Além disso, embora Jalpaiguri tenha mais área florestal registada (1.790 km2) do que Darjeeling (1.204 km2) em termos das respectivas áreas geográficas, o distrito de Darjeeling tem mais floresta (38,23%) do que Jalpaiguri (28,75%). Mais concretamente, os dados mostram que, embora Jalpaiguri tenha quase o dobro da dimensão de Darjeeling, fica atrás do primeiro em cerca de 10 pontos percentuais em termos de florestas registadas. Um cenário mais preocupante é observado no distrito de Cooch Behar, que tem uma dimensão quase idêntica à de Darjeeling, mas está muito atrasado em termos de área florestal.

QUADRO N.º 2: Zonas protegidas do Norte de Bengala			
Zonas protegidas	**Área (km)²**	**Zona biogeográfica**	**Distrito**
Santuários de vida selvagem (WLS)			
Buxa WLS	**267.92**	**7B**	**Jalpaiguri**
Chapramari WLS	**9.60**	**7B**	**Jalpaiguri**
Salamandra de Jorepokhri WLS	**0.04**	**2C**	**Darjeeling**
Mahananda WLS	**158.04**	**7B**	**Darjeeling**
Senchal WLS	**38.88**	**2C**	**Darjeeling**
Parques nacionais (NP)			
Jaldapara NP	**216.51**	**7B**	**Jalpaiguri e Coochbehar**
Buxa NP	**117.10**	**7B**	**Jalpaiguri**
Parque Natural de Gorumara	**79.45**	**7B**	**Jalpaiguri**

Vale de Neora NP	88.00	2C	Darjeeling
Singalia NP	78.60	2C	Darjeeling
Florestas de reserva			
Reserva do Tigre de Buxa	Zona núcleo: 977,51 Área tampão: 370.29	7B	Jalpaiguri
Reserva de elefantes de Dooars Oriental	Área central: 484 Zona tampão: 493.51	7B	Jalpaiguri

A região da floresta de Buxa situa-se a cerca de 180 km da cidade de Siliguri e é conhecida pelo tigre, leopardo, elefante, leopardo-nebuloso, urso negro dos Himalaias, gaur, pangolim e pitão. A floresta pode ainda ser classificada em Parque Nacional de Buxa, Santuário de Vida Selvagem de Buxa e Reserva do Tigre de Buxa. Partilha a fronteira com o Santuário de Vida Selvagem de Phipsu do país vizinho, o Butão, servindo assim de via migratória internacional e de corredor para os elefantes entre o Parque Nacional de Manas (Assam, Índia) e as florestas do Butão. A floresta de Chapramari, na subdivisão de Kalimpong do distrito de **Jalpaiguri, está situada** nas margens **do** rio **Murti** e perto da autoestrada nacional 31, **que** liga **a região** nordeste ao resto da Índia. O **Santuário** de Vida Selvagem de Chapramari é **distintamente** conhecido pela sua população de elefantes. O Parque Nacional de Jaldapara, na **subdivisão de Alipurdwar** do distrito de **Jalpaiguri**, situa-se a cerca de 121 km de **Siliguri** e alberga **uma** grande diversidade de flora e fauna. É o habitat dos grandes **rinocerontes** indianos com chifres. A floresta **de Chilapata**, que constitui um importante **corredor para elefantes** entre a Reserva do **Tigre** de Buxa e o Parque Nacional de Jaldapara, **está situada** perto de **Jaldapara, nos Dooars.** Situado a cerca de 72 km de **Siliguri** e **mais** a **norte** de Jaldapara, **encontra-se** o Parque Nacional de Gorumara. Tem uma fauna semelhante à do Parque Nacional de **Jaldapara**, com leopardos e elefantes. Em direção à parte ocidental **de Dooars, na região de** Tarai, e entre o rio Teesta, a leste, e **o** rio **Mahayana, a** oeste, estende-se a floresta **de Baikunthapur**. **A** área florestal estende-se pelos distritos **de Jalpaiguri** e **Darjeeling**. O Santuário de Vida Selvagem de **Mahananda** também faz parte da **Divisão** de

Vida Selvagem de **Darjeeling2**, 6. O quadro 2 apresenta **uma breve descrição dos parques** nacionais e **dos** santuários de vida selvagem. Neste quadro são apresentados os dados florestais **de** todo o Norte de Bengala. A localização dos Parques Nacionais, *nomeadamente* Gorumara, **Jaldapara** e **Buxa** (também Reserva do Tigre) dos Dooars / Duars é **apresentada nas** Figuras 2, 3, 4 e 5.

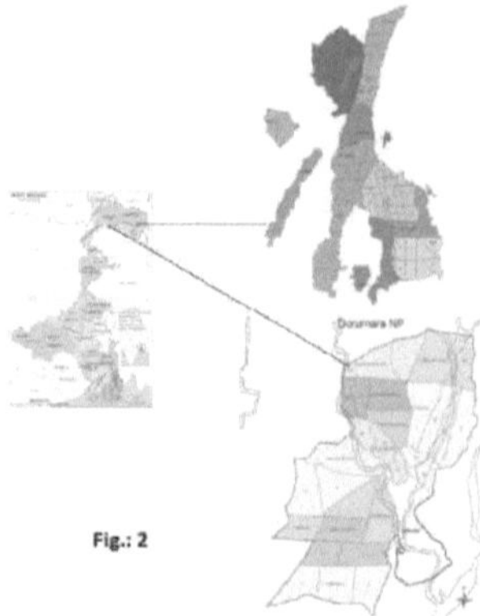

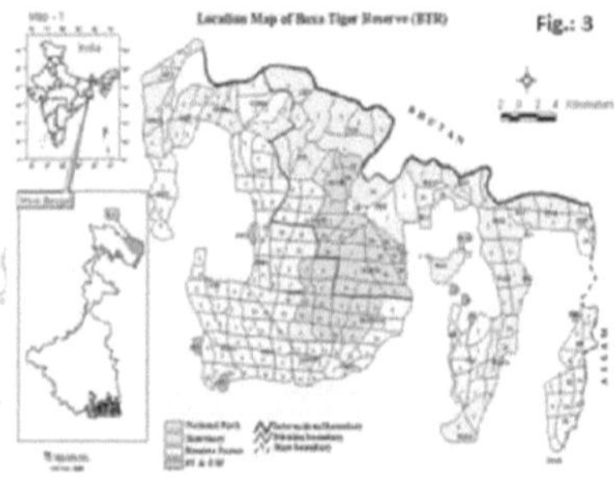

Fig. 2: Mapa de localização do PND Gorumara e do PND Jaldapara. **Fig. 3:** Mapa de localização **da** Reserva do Tigre de Buxa, bem como **do** Parque Nacional (N P)

Fig. 4 e 5: Entrada do **Parque** Nacional de **Jaldapara** e Gorumara.

As florestas que **não** pertencem à categoria de parque nacional, *nomeadamente a* floresta de Patlakhawa, a floresta de Lataguri, a floresta de Moraghat **e a floresta de** Baikunthapur, são apresentadas nas figuras 6, 7, 8 e 9.

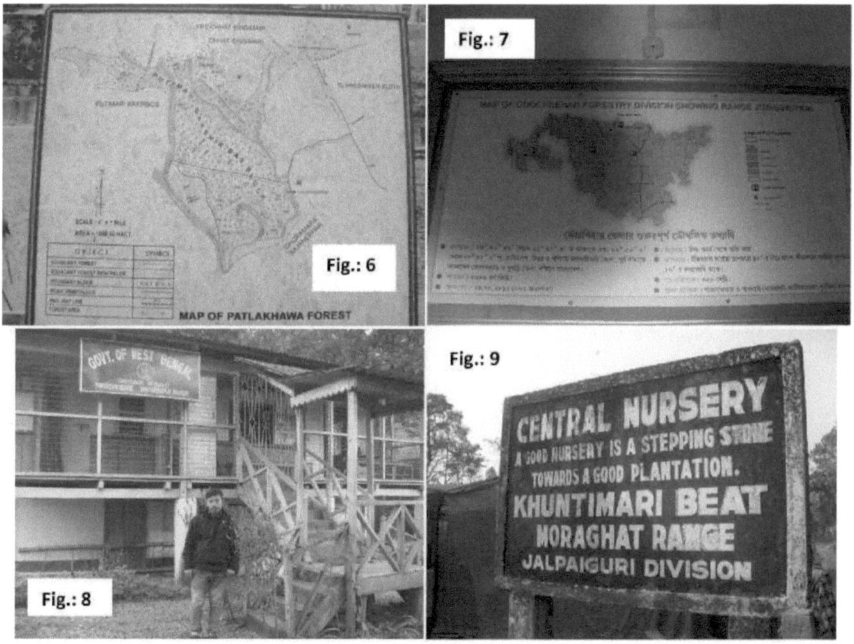

Fig. 6, 7, 8 e 9: Localização de diferentes **parques** não nacionais em Dooars.

CAPÍTULO 2

MATERIAL E MÉTODOS

Todo este estudo é estritamente baseado na observação e, em casos possíveis, na recolha. A presença de evidências indirectas de vida selvagem em três Parques Nacionais *viz.* Jaldapara, Gorumara e Buxa (também Reserva do Tigre) e quatro Parques não Nacionais *viz.*, floresta Patlakhawa, floresta Lataguri, floresta Moraghat e floresta Baikunthapur são estudados durante um ano, de setembro de 2014 a agosto de 2015, com a devida autorização das autoridades (Fig. No.: 9 e 10).

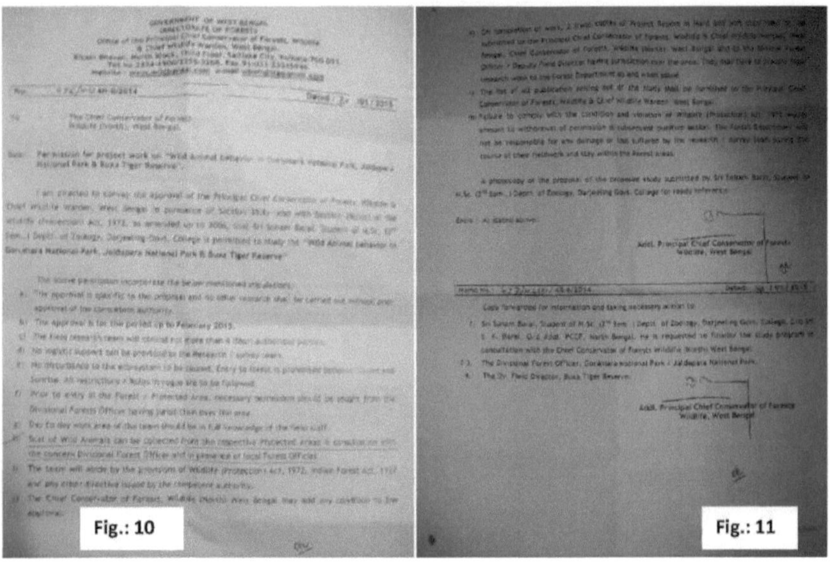

Fig. 10 e 11: Documento de autorização do Conservador-Chefe Adicional das Florestas da Vida Selvagem, Bengala Ocidental.

Durante este período de estudo de um ano, os locais mencionados foram visitados pelo menos duas vezes por mês e todos os dados foram anotados com pormenores e o registo também foi mantido cronologicamente.

Em todos os casos possíveis, a fotografia **foi feita** com uma câmara digital Canon 60 **E.** Durante este estudo, as marcas de pug também foram recolhidas utilizando gesso de Paris **na** presença do pessoal do Departamento **Florestal** (Fig. No.: 12, 13, 14 e 15). O excremento seco e fresco, também designado por **cocó,** foi igualmente recolhido na presença **absoluta** do pessoal do Departamento Florestal para utilização futura (Fig. No.: 16, 17, 18 e 19). Em todos os locais de recolha de provas, os pontos de localização foram registados utilizando um dispositivo GPS.

Para a recolha de evidências, o **caminho** na **selva** foi seguido conforme indicado pelo pessoal do Departamento Florestal (Fig. No.: 20 e 21). **Nalguns** casos, **fomos** ao lado da lagoa/piscina/lago/rio, etc., recursos hídricos dentro **da** floresta em busca da presença de evidências de vida selvagem **com a** devida **permissão** da autoridade (Fig. No.: 22, 23 e 24).

Fig: 12, 13, 14 e 15: Diferentes etapas de recolha da marca de pug (**de Leopardo**).

Fig: 16, 17, 18 e 19: Recolha de **excrementos** de rinoceronte, elefante, **leopardo** e **sambar**.

Fig. 20 e 21: Aventurar-se na floresta em busca da presença **de vestígios de** vida selvagem.

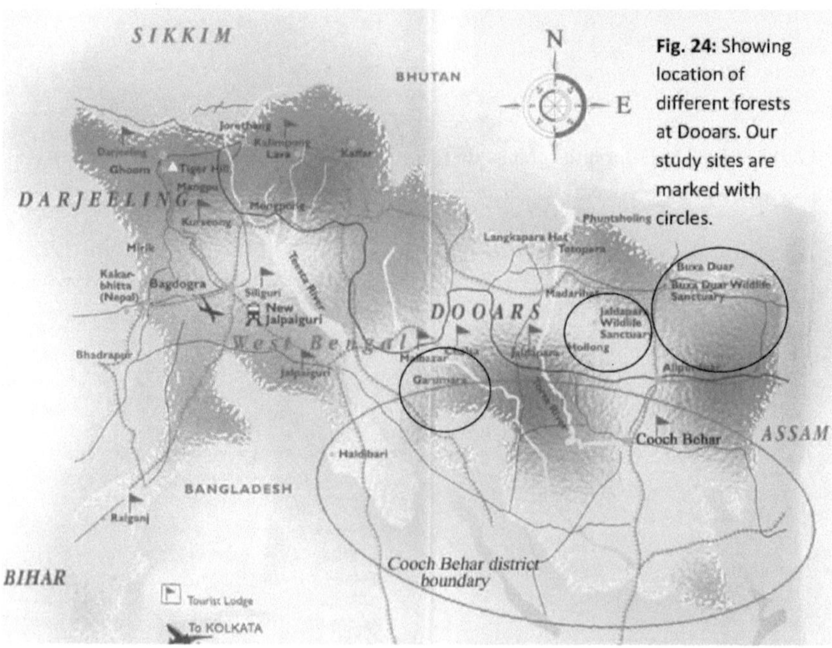

Fig. 24: Showing location of different forests at Dooars. Our study sites are marked with circles.

Fig. 22 e 23: Visita a uma massa de água **no interior da floresta** em busca **de** indícios de vida selvagem.

Foram encontradas muitas evidências indirectas da presença de animais selvagens (principalmente marcas de pug) em diferentes leitos de rios (ver Fig. No. : 25, **26**, 27 e 28).

Para além do jipe**,** as autoridades utilizam

Fig. **25:** Mostrando uma marca de pug de Leopardo-comum. **Fig. 26: Examinando** uma marca de pug de **Leopardo-comum** no leito do rio Torsha**. Fig. 27 e 28: Mostrando a marca de** pug de Gaur indiano

Fig. 29 e 30: O elefante treinado, "Kunki **Hati**", é usado para monitorizar a vida selvagem. **elefante** especialmente treinado (localmente chamado "Kunki Hati") para monitorizar as florestas e também para controlar as actividades dos **elefantes** selvagens (ver Fig. **No.:** 29 e 30).

Como evidência, **foram também** recolhidos muitos tipos de dejectos de diferentes animais com autorização prévia das autoridades competentes (ver Fig. 31 e 32).

Fig. 31 e 32: Mostra a recolha de excrementos de **javali** na floresta de **Patlakhawa.** Durante a recolha de evidências indirectas, como marcas de pug ou dejetos **ou outros tipos de** evidências, havia sempre pessoal florestal connosco (ver Fig. No.: 33, 34, 35, 36, 37 e 38).

Fig: 33 e 34: Mostrando a presença do **guarda** florestal durante **este** estudo.

Fig. 35: **Mostra o** exame do excremento de rinoceronte. **Fig. 36, 37 & 38: Mostrando**

diferentes momentos de estudos nas florestas de **Lataguri**, Moraghat e **Baikunthapur**, respetivamente.

Para a análise quantitativa dos dados é utilizado um programa informático, conhecido **como** **"Past"**. Com este **programa,** são analisados **diferentes** parâmetros, como **dominância**, **índice de** diversidade, riqueza, índice de Shannon, índice de Simpson, etc. **Os** pormenores dos diferentes parâmetros são apresentados a seguir:

Domínio:

A dominância ecológica é **o** grau em que **um** táxon é mais numeroso do que os seus concorrentes numa comunidade ecológica, ou constitui **a** maior parte da biomassa. A maioria das **comunidades** ecológicas é definida pelas suas espécies dominantes.

Índice de diversidade:

Um índice de diversidade é uma medida quantitativa que reflecte o número de tipos diferentes (como espécies) existentes num conjunto de dados e, simultaneamente, tem em conta a distribuição uniforme das entidades básicas (como indivíduos) entre esses tipos. O valor de um índice de diversidade aumenta tanto quando o número de tipos aumenta como quando a equidade aumenta. Para um determinado número de tipos, o valor de um índice de diversidade é maximizado quando todos os tipos são igualmente abundantes.

Quando os índices de diversidade são utilizados em ecologia, os tipos de interesse são normalmente as espécies, mas também podem ser outras categorias, como géneros, famílias, tipos funcionais ou haplotipos. As entidades de interesse são geralmente plantas ou animais individuais, e a medida de abundância pode ser, por exemplo, o número de indivíduos, a biomassa ou a cobertura. Em demografia, as entidades de interesse podem ser pessoas, e os tipos de interesse podem ser vários grupos demográficos. Na ciência da informação, as entidades podem ser caracteres e os tipos as diferentes letras do alfabeto. Os índices de diversidade mais utilizados são transformações simples do número efetivo de tipos (também conhecido como 'diversidade verdadeira'), mas cada índice de diversidade também pode ser interpretado, por si só, como uma medida correspondente a um fenómeno real (mas diferente para cada índice de diversidade). [Hill, 1973; Jost, 2006; Tuomisto, 2010a e Tuomisto, 2010b].

A verdadeira diversidade, ou o número efetivo de tipos, refere-se ao número de tipos igualmente abundantes necessários para que a abundância proporcional média dos tipos seja igual à observada no conjunto de dados de interesse (em que todos os tipos podem não ser igualmente abundantes). A verdadeira diversidade num conjunto de dados é calculada tomando primeiro a média generalizada ponderada M_{q-1} *das* abundâncias proporcionais dos tipos no conjunto de dados e, em seguida, tomando o recíproco desta. A equação é [Tuomisto, 2010a e Tuomisto, 2010b]:

$$^{q}D = \frac{1}{M_{q-1}} = \frac{1}{\sqrt[q-1]{\sum_{i=1}^{R} p_i p_i^{q-1}}} = \left(\sum_{i=1}^{R} p_i^q\right)^{1/(1-q)}$$

O denominador M_{q-1} é **igual** à **abundância proporcional** média **dos tipos no** conjunto de dados, calculada com a média generalizada ponder**ada** com o expoente q -1. Na equação, R é a **riqueza** (o número total de tipos no conjunto de **dados**) **e** a abundância proporcional do *i-ésimo* tipo é p_i. As próprias abundâncias proporcionais são utilizadas como pesos nominais. Quando $q = 1$**,** a **equação acima** é indefinida. No entanto, o limite matemático à medida que q **se aproxima de** 1 é **bem definido** e **a** diversidade correspondente é **calculada** com a seguinte **equação**: que é a exponencial da entropia de Shannon calculada com **logaritmos** naturais (ver abaixo).

$$^{1}D = \frac{1}{\prod_{i=1}^{R} p_i^{p_i}} = \exp\left(-\sum_{i=1}^{R} p_i \ln(p_i)\right)$$

O valor de q é frequentemente referido como a ordem da diversidade. Define a sensibilidade do valor da diversidade às espécies raras versus espécies **abundantes**, modificando a forma como **é calculada** a média ponderada das abundâncias proporcionais das espécies**.** Com alguns valores do parâmetro q, o valor deM_{q-1} assume **tipos** familiares **de** média **ponderada como** casos especiais. Em particular, $q = 0$ corresponde à média harmónica ponderada, $q = 1$ à média geométrica ponderada e $q = 2$ à média aritmética ponderada. À medida que q se aproxima do infinito, a média generalizada ponderada com o expoente q-*1* aproxima-se do valor máximo de p_i, que é a abundância proporcional das espécies mais abundantes no conjunto de dados. Em geral, o aumento do valor de q aumenta o peso efetivo atribuído às espécies mais abundantes. Isto leva a que se obtenha um valor maior de M_{q-1} e um valor menor de diversidade verdadeira (^{q} D) com o aumento de q.

Quando $q = 1$, é utilizada **a** média geométrica ponderada dos valores *de pi* **e** cada espécie é exatamente **ponderada** pela sua **abundância** proporcional (**na** média geométrica ponderada, os **pesos** são os expoentes). Quando $q > 1$, **o** peso dado às **espécies** abundantes é exagerado, e quando $q < 1$, o **peso** dado às espécies raras é exagerado. Em q = **0, os pesos das** espécies **anulam** exatamente as abundâncias **proporcionais** das espécies, de modo que a média ponderada dos valores de p_i é igual a 1 / R, mesmo quando todas as espécies não são igualmente abundantes. Em $q = 0$, o número **efetivo** de **espécies,** ^0D, é **igual** ao **número** real de espécies R. No contexto da diversidade, q é geralmente limitado a valores não negativos. Isto deve-se ao facto de que valores negativos de q *dariam* às espécies raras um peso tão maior do que **às abundantes** que^q D excederia R [Tuomisto, **2010a** e **Tuomisto**, 2010b].

A equação geral da diversidade é frequentemente escrita da seguinte forma [Hill**,** 1973 e **Jost**, 2006]: e o termo entre **parênteses** é designado por soma básica. Alguns **índices de diversidade** populares correspondem à **soma** básica **calculada** com diferentes valores de q [Jost, 2006].

$$^qD = \left(\sum_{i=1}^{R} p_i^q\right)^{1/(1-q)}$$

Riqueza:

A riqueza R quantifica simplesmente o número de **tipos diferentes** que o conjunto de dados **de interesse** contém. Por exemplo, a riqueza de espécies (normalmente notada *S)* de um **conjunto de dados** é o número de espécies diferentes na lista de espécies correspondente. A riqueza **é uma** medida **simples**, pelo que tem sido um índice de diversidade popular **em** ecologia**,** onde os **dados de abundância** não estão frequentemente disponíveis para **os conjuntos** de dados **de** interesse. Como a **riqueza não tem em conta as** abundâncias dos tipos, não é **a** mesma coisa **que** a diversidade, que tem em conta as abundâncias. No entanto, se **a diversidade verdadeira for calculada** com q = 0**,** o número efetivo de tipos (^0D**)** é igual **ao** número efetivo **de** tipos (R) [Jost, 2006 e Tuomisto**,** 2010b].

Índice de Shannon:

O índice de Shannon tem sido um índice de diversidade **popular** na **literatura** ecológica**,** onde também **é** conhecido como **índice** de diversidade de **Shannon**, índice de **Shannon-Wiener**, índice de **Shannon-Weaver** e entropia de Shannon**.** A medida foi **originalmente** proposta por Claude Shannon para quantificar a entropia (incerteza ou conteúdo de informação) em cadeias de texto [**Shannon** e Weaver**,** 1948]. A **ideia** é que quanto maior for o número de letras diferentes e quanto mais iguais forem as suas **abundâncias** proporcionais na cadeia de interesse, mais difícil será **prever** corretamente qual **será** a letra seguinte na cadeia. A **entropia** de **Shannon quantifica a** incerteza (**entropia** ou grau de surpresa) associada a esta **previsão.** É mais frequentemente calculada **da** seguinte **forma**:

$$H' = -\sum_{i=1}^{R} p_i \ln p_i$$

onde p_i é a proporção de caracteres pertencentes ao *i-ésimo* tipo de **letra na** cadeia de caracteres de interesse. Em **ecologia,** p_i é **frequentemente** a **proporção de indivíduos** pertencentes à *i-ésima* espécie **no** conjunto de dados de interesse. **A** entropia de Shannon quantifica **a** incerteza **na** previsão da identidade da espécie de **um** indivíduo **que** é retirado aleatoriamente do conjunto de dados.

Embora a equação seja aqui **escrita** com logaritmos naturais**, a** base do logaritmo utilizada no cálculo da **entropia** de Shannon pode **ser** escolhida livremente**.** O próprio Shannon discutiu as bases de logaritmo 2, 10 e *e*, **e** estas tornaram-se desde então as bases mais populares nas **aplicações** que utilizam a entropia de Shannon. **Cada** base **log**arítmica corresponde a uma unidade de medida diferente, que **foi** designada por **dígitos binários** (bits), dígitos decimais (decits) e dígitos naturais (nats) **para** as bases 2**,** 10 e *e,* respetivamente**. A comparação** de valores de entropia de Shannon **que foram originalmente** calculados com diferentes bases logarítmicas requer a **sua conversão** para a **mesma** base **logarítmica**: a mudança da base *a* para a base *b* é obtida com a **multiplicação** por $\log_b a$ [Shannon e Weaver, 1948].

$$H' = -\sum_{i=1}^{R} p_i \ln p_i = -\sum_{i=1}^{R} \ln p_i^{p_i}$$

Foi demonstrado que o **índice de** Shannon se baseia na **média** geométrica **ponderada** das abundâncias proporcionais dos **tipos** e **que é igual ao logaritmo da** diversidade verdadeira **calculada** com $q = 1$ [Tuomisto, 2010a]:

$$H' = -\left(\ln p_1^{p_1} + \ln p_2^{p_2} + \ln p_3^{p_3} + \cdots + \ln p_R^{p_R}\right)$$

Isto também pode ser escrito: que é igual a:

$$H' = -\ln p_1^{p_1} p_2^{p_2} p_3^{p_3} \cdots p_R^{p_R} = \ln\left(\frac{1}{p_1^{p_1} p_2^{p_2} p_3^{p_3} \cdots p_R^{p_R}}\right) = \ln\left(\frac{1}{\prod_{i=1}^{R} p_i^{p_i}}\right)$$

Uma vez que a soma dos **valores de** p_i **é igual à unidade** por definição, o **denominador** é **igual** à média **geométrica** ponderada dos valores de p_i, com os próprios **valores de** p_i sendo usados como **pesos** (expoentes na **equação**). O termo **entre parênteses** é, portanto, igual à diversidade verdadeira[1] D, e H é igual a $\ln({}_1D)$ [Hill, 1973; Tuomisto, 2010a e Tuomisto, 2010b].

Quando todos os tipos no **conjunto de dados** de interesse são igualmente comuns, todos os valores de p_i são iguais a $1 / R$, e o índice de Shannon assume, portanto, o valor $\ln(R)$. Quanto **mais** desiguais forem as abundâncias dos tipos, maior será a média **geométrica** ponderada **dos** valores **de** p_i e menor será a **entropia de Shannon** correspondente. Se **praticamente toda a** abundância **estiver concentrada num** tipo e os outros tipos forem **muito** raros (mesmo que existam muitos), a entropia de Shannon aproxima-se de zero. **Quando há** apenas um tipo **no conjunto** de dados, a entropia de Shannon é exatamente igual a **zero** (não **há** incerteza na **previsão** do tipo da próxima entidade escolhida aleatoriamente).

Índice Simpson:

O índice de Simpson foi introduzido em 1949 por Edward **H**. Simpson para medir o grau de concentração **quando os indivíduos** são classificados em **tipos** [Simpson, 1949]. O mesmo índice foi **redescoberto** por **Orris** C. Herfindahl **em** 1950 [Herfindahl, 1950]. A raiz quadrada do **índice** já tinha sido introduzida em 1945 pelo economista Albert O. **Hirschman** [Hirschman, **1945**]. Consequentemente, a mesma medida é normalmente conhecida como índice de **Simpson** em **ecologia** e **como índice de** Herfindahl ou **índice de Herfindahl-Hirschman** (HHI) em **economia**.

A medida é igual à probabilidade **de** duas entidades **retiradas** ao acaso do **conjunto** de dados de interesse representarem o mesmo tipo [Simpson, 1949]. É igual a:

Isto também é igual à média **aritmética** ponderada das **abundâncias** proporcionais p_i dos **tipos** de interesse, **sendo** as próprias abundâncias proporcionais **utilizadas** como pesos [Hill, 1973]. As abundâncias proporcionais estão, por definição, limitadas a valores entre zero e unidade, mas a sua média aritmética ponderada, e portanto $X > 1/R$, é atingida quando todos os tipos são igualmente **abundantes**.

$$\lambda = \sum_{i=1}^{R} p_i^2$$

Comparando a equação utilizada para calcular X com as **equações** utilizadas para calcular a diversidade verdadeira, verifica-se que 1/X é igual a^2 D, ou seja, a diversidade verdadeira **calculada** com $q = 2$. O índice de **Simpson** original é, **portanto**, igual **à** soma **básica** correspondente [Jost, 2006].

A interpretação de X **como a probabilidade de** duas entidades retiradas ao acaso do **conjunto** de dados de interesse representarem o mesmo tipo pressupõe que a primeira entidade **é** substituída no conjunto de dados antes de se retirar a segunda entidade. **Se** o conjunto de dados for muito grande, **a amostragem** sem substituição dá **aproximadamente o** mesmo resultado, mas **em conjuntos** de dados pequenos a diferença pode ser substancial. Se o conjunto de **dados for** pequeno e a amostragem sem substituição for assumida, a **probabilidade** de obter o **mesmo** tipo com **ambos os** sorteios aleatórios é:

$$l = \frac{\sum_{i=1}^{K} n_i(n_i - 1)}{N(N-1)}$$

em que n_i é o número de entidades pertencentes ao **i-ésimo** tipo e N é o número total de entidades no conjunto de dados [Simpson, **1949**]. **Esta** forma do índice de **Simpson** é também conhecida como o índice de Hunter-Gaston em microbiologia [Hunter e **Gaston**, 1988]. Uma vez que a **abundância** proporcional média **dos** tipos aumenta **com a** diminuição **do número** de tipos e **com o** aumento da abundância **do** tipo **mais** abundante, X obtém valores pequenos em conjuntos de dados de **elevada diversidade** e valores grandes **em conjuntos de dados de baixa** diversidade. Trata-se de um comportamento contra-intuitivo para um índice de diversidade, pelo que, **frequentemente,** têm sido utilizadas transformações de X que aumentam com o aumento da diversidade. Os **índices** mais populares **são o** índice de **Simpson inverso (1/X)** e o índice de Gini-Simpson (1 - X) [Hill, 1973 e Jost, 2006]. Ambos **foram** também **designados por** índice de Simpson na literatura ecológica, pelo que **é** necessário ter cuidado para **evitar** comparar **acidentalmente** os diferentes índices como se fossem **o** mesmo.

Berger - Parker Index:

O índice de Berger-Parker [Berger e Parker, 1970] é igual **ao** valor máximo de p_i no **conjunto** de dados, ou seja, a abundância proporcional **do** tipo mais **abundante**. Este valor corresponde **à** média generalizada ponder**ada** dos valores de p_i quando q se aproxima do infinito e, por conseguinte, é igual ao inverso da **diversidade** verdadeira de ordem infinita (1/D).

Fig. 39: Orgulho do Parque Nacional de **Jaldapara**, rinoceronte indiano de **um** chifre, a provar sal (Em muitas partes destas florestas **existem** poços de sal, onde as autoridades florestais fornecem regularmente sal aos animais selvagens. Os animais selvagens **gostam de** sal e, por isso**, vão** frequentemente a esses locais. E há torres de vigia **nas** proximidades **dessas** salinas. Se **tiverem** sorte com elas, os visitantes podem ver animais selvagens a partir **daqui**).

CAPÍTULO 3

RESULTADOS E OBSERVAÇÕES

Foram obtidos no Parque Nacional de Jaldapara dados de diferentes evidências indirectas, tais como excrementos, marcas de escavação, marcas de pug, marcas de postura e marcas de raspagem em árvores, etc., de diferentes animais, que são apresentados no Quadro n.º 3 e este quadro também apresenta diferentes valores quantitativos gerados através da utilização da programação "Past".

QUADRO No. 3 : DADOS MÉDIOS ANUAIS DE EVIDÊNCIAS INDIRECTAS DE VIDA SELVAGEM ENCONTRADAS NO PARQUE NACIONAL DE JALDAPARA (Área florestal: 216,51 KM² / Área de inquérito: 16 KM)

Nome do animal	Escória	Marca de escavação	Marca de pug	Marca de assentamento	Marca de raspagem na árvore
Rinoceronte	5	1	3	1	1
Javali	2	2	1	1	1
Cervo de Sambhar	1	1	2	1	1
Leopardo-comum	2	1	1	1	1
Gour indiano	1	1	2	1	2
ÍNDICES DIFERENTES (Gerados por PAST)					

0	A	B	C	D	E
Taxa_S	5	5	5	5	5
Indivíduos	11	6	9	5	6
Domínio_D	0.2893	0.2222	0.2346	0.2	0.2222
Shannon_H	1.414	1.561	1.523	1.609	1.561
Simpson_1-D	0.7107	0.7778	0.7654	0.8	0.7778
Berger-Parker	0.4545	0.3333	0.3333	0.2	0.3333

Gráfico de Coluna de Cilindros: 1 também mostra o padrão de distribuição das evidências indirectas e a riqueza da vida selvagem no Parque Nacional de Jaldapara. Comparando os dados obtidos na Tabela No.: 3 e no Gráfico: 1, verifica-se que o *Rhinoceros unicornis* (rinoceronte) é a espécie selvagem mais dominante no Parque Nacional de Jaldapara, enquanto que a menor dominância se verifica no caso do leopardo comum, *Panthera pardus* e veado de Sambhar (*Cervus unicolor*). Durante estes estudos, obtivemos amostras de excrementos (ver

GRÁFICO DE COLUNA. 1: Mostra a diversidade da vida selvagem de diferentes evidências indirectas disponíveis da presença de vida selvagem no Parque Nacional de Jaldapara.

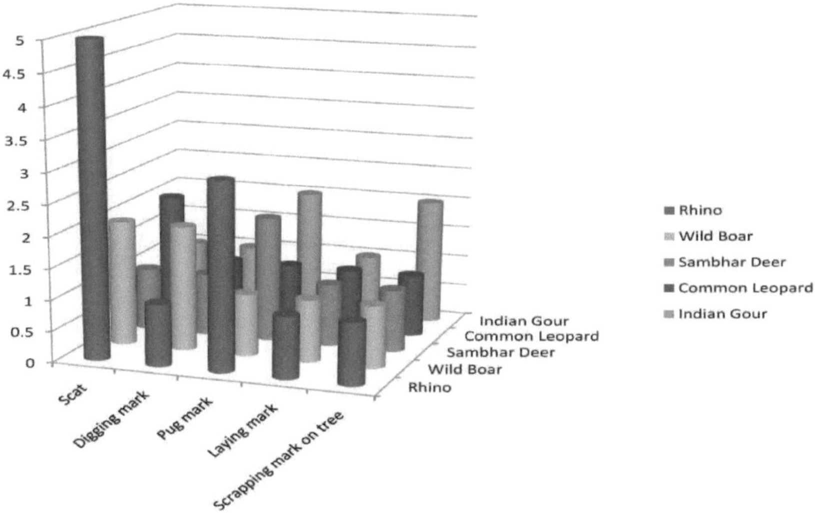

Fig. **No. 40**, 41, 42, 43, 44 **e** 45 para evidências) amostras máximas **como** evidência **indireta** com valor de dominância de **0,2893**, **o índice de** Shannon é **1**,414**, o índice de Simpson** é 0,7107 e o índice de **Berger-Parker** é 0,4545. **As amostras mínimas** obtidas como provas indirectas foram consideradas como marcas de postura**.** Foi encontrado um total **de** cinco taxa, incluindo ***Rhinoceros*** *unicornis* (**rinoceronte** indiano de **um só chifre**)*,* *Sus scrofa* (javali)**,** ***Cervus*** *unicolor* (veado de Sambhar)**,** *Panthera* ***pardus*** (leopardo-comum) e ***Bison*** *bison* (gour indiano).

Fig. 40: Marcas de pug no leito do rio. **Fig. 41:** Marca **de pug de** Rinoceronte.

Fig. 42: O leito do rio dentro da floresta. **Fig. 43:** Marca **de postura do bisonte**.

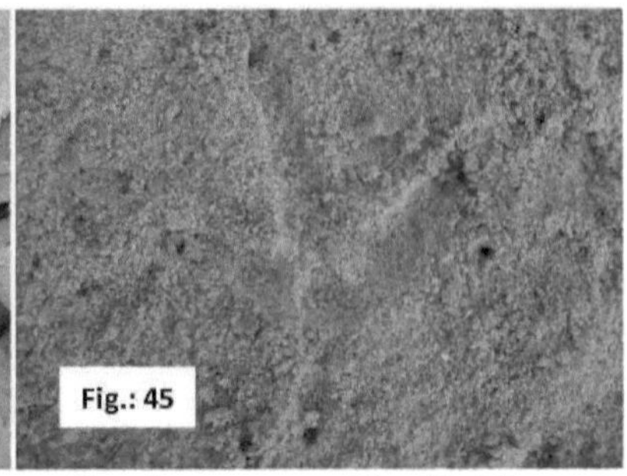

Fig. 44: Excremento de Leopardo mostrando os pêlos da sua presa. **Fig. 45: Marca** de pug do pavão.

QUADRO N.º 4 : DADOS MÉDIOS ANUAIS DE EVIDÊNCIAS INDIRECTAS DE VIDA SELVAGEM ENCONTRADAS NO PARQUE NACIONAL DE GORUMARA (Área florestal: 79,45 KM2 / Área de estudo: 16 KM)

Nome do animal	Escória	Marca de escavação	Marca de pug	Marca de assentamento	Marca de raspagem na árvore
Gour indiano	1	1	2	2	1
Javali	1	2	1	1	1

Macaco comum	3	1	1	1	1
Cervo de Sambhar	2	1	1	1	1
Elefante indiano	1	1	2	1	1
Gato leopardo	2	1	1	1	1
Leopardo-comum	2	1	2	1	1
Garça-branca-pequena	2	1	1	1	1
Pavão indiano	1	1	2	1	1
ÍNDICES DIFERENTES (Gerados por PAST)					
0	**A**	**B**	**C**	**D**	**E**
Taxa_S	9	9	9	9	9

Indivíduos	15	10	13	10	9
Domínio_D	0.1289	0.12	0.1243	0.12	0.1111
Shannon_H	2.119	2.164	2.138	2.164	2.197
Simpson_1-D	0.8711	0.88	0.8757	0.88	0.8889
Berger-Parker	0.2	0.2	0.1538	0.2	0.1111

Durante estes estudos no Parque Nacional de Gorumara, verificou-se que o Gour indiano ou *Bison bison* e o Leopardo comum, *Panthera pardus*, são os animais selvagens dominantes desta floresta. As amostras máximas obtidas como evidências indirectas foram o excremento, seguido de marcas de pug, com um valor de dominância de 0,1289 e 0,1243, o índice de Shannon de 2,119 e 2,138, o índice de Simpson de 0,8711 e 0,8757 e o índice de Berger-Parker de 0,2 e 0,1538, respetivamente (ver Quadro n.º 4). O Parque Nacional da Gorumara é muito rico em biodiversidade e durante o nosso estudo encontrámos a presença de evidências indirectas de nove espécies, *viz. Bison bison,* Gour indiano; *Sus scrofa,* Javali; *Macaca sp,* Macaco comum; *Cervus unicolor,* veado de Sambhar; *Elephas maximus indicus,* elefante indiano; *Felis bengalensis,* gato leopardo; *Panthera pardus,* leopardo comum; *Egretta garzetta, garça* pequena; e *Pavo cristatus,* pavão indiano. A abundância e a distribuição da presença de **evidências** indirectas de diferentes espécies selvagens também podem ser observadas no Gráfico **da Coluna do Cilindro**: 2 (ver **Fig**. nº: 46, 47, 48, 49, 50 e 51 para evidências).

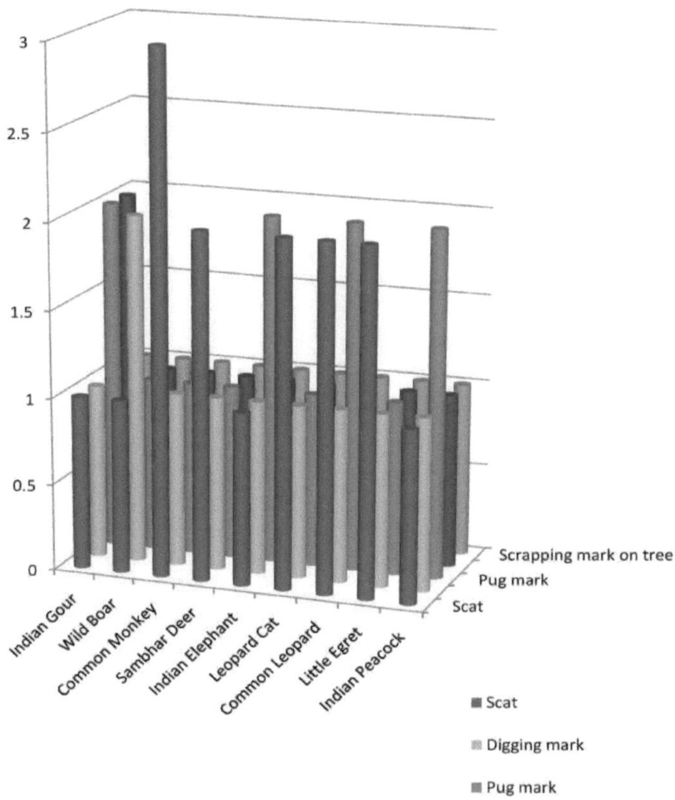

GRÁFICO DA COLUNA. 2: Mostra a diversidade da vida selvagem de diferentes evidências indirectas disponíveis da presença de vida selvagem no Parque Nacional da Gorumara.

Fig. 46: Marcas de arranhões numa **árvore**. **Fig. 47:** Marca de deitado do Sambar.

Fig. 48: Marca de escavação do bisonte. **Fig. 49: Marca de escavação** do javali.

Fig. 50: Marca de postura de **bisonte**. **Fig. 51:** Coleção de **marcas de pug** de **Leopardo**.

A reserva de tigres de Buxa é também um importante parque nacional em Dooars. Aqui, em Buxa, encontrámos o leopardo-comum, *Panthera pardus,* como a vida selvagem dominante (ver Quadro n.º 5). Para além do *Panthera pardus,* também encontrámos aqui *Pavo cristatus, pavão* indiano; *Bison bison,* gour indiano; *Elephas maximus indicus,* elefante indiano; *Macaca sp.,* macaco comum; e, o mais interessante, a presença de *Cuon alpines, cão* selvagem.

QUADRO N.º 5: DADOS MÉDIOS ANUAIS DAS EVIDÊNCIAS INDIRECTAS DE VIDA SELVAGEM ENCONTRADAS NA RESERVA DO TIGRE DA BUXA / PARQUE NACIONAL (Área florestal: 117,10 KM2 / Área de inquérito: 16 KM)					
Nome do animal	**Escória**	**Marca de escavação**	**Marca de pug**	**Marca de colocação**	**Marca de raspagem na árvore**
Pavão indiano	1	1	3	1	1

Leopardo-comum	4	1	3	1	1
Gour indiano	1	1	3	1	1
Elefante indiano	3	1	2	1	1
Macaco comum	3	1	1	1	1
Cão selvagem	1	1	2	1	1
ÍNDICES DIFERENTES (Gerados por PAST)					
0	**A**	**B**	**C**	**D**	**E**
Taxa_S	6	6	6	6	6
Indivíduos	13	6	14	6	6
Domínio_D	0.2189	0.1667	0.1837	0.1667	0.1667
Shannon_H	1.631	1.792	1.735	1.792	1.792

Simpson_1-D	0.7811	0.8333	0.8163	0.8333	0.8333
Berger-Parker	0.3077	0.1667	0.2143	0.1667	0.1667

A tabela n.º 5 mostra a abundância e a distribuição da presença de várias evidências indirectas de vida selvagem na Reserva do Tigre de Buxa ou no Parque Nacional de Buxa. Aqui, como evidência indireta, obtivemos marcas de pug em casos máximos, seguidas de excrementos com um valor de dominância de 0,1837 e 0,2189, o índice de Shannon de 1,735 e 1,631, o índice de Simpson de 0,8163 e 0,7811 e o índice de Berger-Parker de 0,2143 e 0,3077, respetivamente. As marcas de escavação, de postura e de raspagem nas árvores são as menos numerosas. Além disso, entre os excrementos, encontrámos o máximo de excrementos de leopardo comum, dos quais uma amostra é muito interessante, porque descobrimos partes ósseas intactas não digeridas nesse excremento (Fig. nº 57). Analisando a arquitetura do esqueleto, **foi** muito fácil estimar a **natureza da presa**. A abundância **e** o padrão de distribuição **da** presença **de** evidências indirectas **de diferentes espécies selvagens** no Parque Nacional de Buxa podem **também** ser observados no **Gráfico** da Coluna de Cilindros: 3.

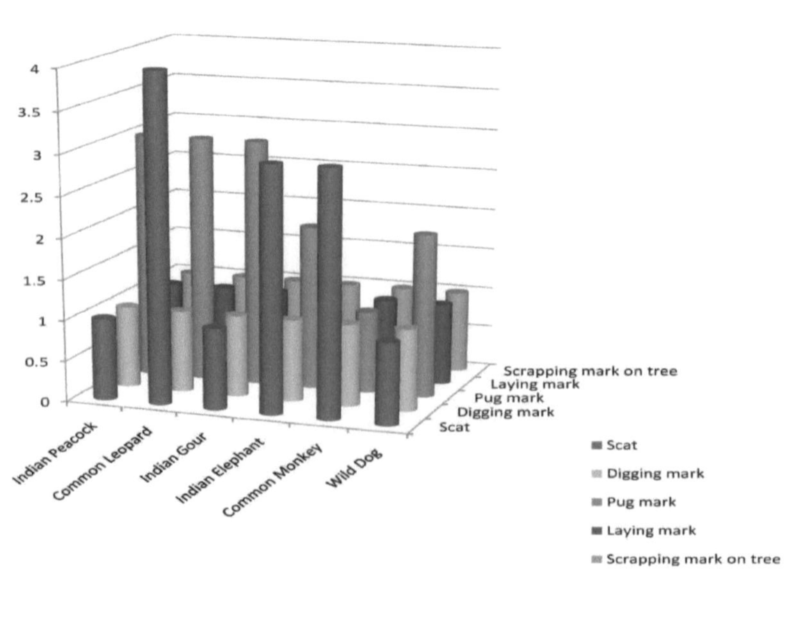

GRÁFICO DE COLUNA. 3:
Mostrar a diversidade da vida selvagem de diferentes evidências indirectas disponíveis da presença de vida selvagem no Parque Nacional de Buxa (também Tiger Researve).

Os dados de diferentes **evidências indirectas, tais como** dejectos, **marcas de** escavação, marcas de **pug, marcas de postura** e **marcas de** raspagem em árvores, etc., de diferentes **animais foram** obtidos em **diferentes** florestas de categoria não pertencente a Parques Nacionais, como a floresta de Patlakhawa, que são apresentados no Quadro n.º 6 e este quadro também mostra diferentes valores quantitativos que são gerados utilizando a programação "Past".

QUADRO N.º 6: DADOS MÉDIOS ANUAIS DE EVIDÊNCIAS INDIRECTAS DE VIDA SELVAGEM ENCONTRADAS NA FLORESTA DE PATLAKHAWA, DIVISÃO DE COOCH BEHAR (Área florestal: 1648,5 hactre / Área de inquérito: 6 KM)					
Nome do animal	**Escória**	**Marca de escavação**	**Marca de pug**	**Marca de colocação**	**Marca de raspagem na árvore**
Cervo de Sambhar	3	1	3	1	2
Javali	2	2	1	1	2
Gour indiano	1	1	3	1	1
Leopardo-comum	1	1	2	1	1
ÍNDICES DIFERENTES (Gerados por PAST)					
0	**A**	**B**	**C**	**D**	**E**
Taxa_S	4	4	4	4	4

Indivíduos	7	5	9	4	6
Domínio_D	0.3061	0.28	0.284	0.25	0.2778
Shannon_H	1.277	1.332	1.311	1.386	1.33
Simpson_1-D	0.6939	0.72	0.716	0.75	0.7222
Berger-Parker	0.4286	0.4	0.3333	0.25	0.3333

Comparando os dados obtidos na Tabela No.: 6, verifica-se que *o Cervus unicolor* (veado de Sambhar) é o animal selvagem mais dominante na floresta de Patlakhawa, enquanto que a menor dominância é encontrada no caso do leopardo comum, *Panthera pardus*. Durante os nossos estudos, obtivemos o máximo de amostras de marca de pug como prova indireta, com um valor de dominância de 0,284, um índice de Shannon de 1,311, um índice de Simpson de 0,716 e um índice de Berger-Parker de 0,3333. As amostras mínimas obtidas como provas indirectas foram consideradas como marcas de postura. Foi encontrado um número total de quatro taxa, incluindo *Cervus unicolor* (veado de Sambhar), *Sus scrofa* (javali) (ver Fig. No.: 52, 53, 54, 55, 56 e 57 para evidências), *Bison bison* (Gour indiano)

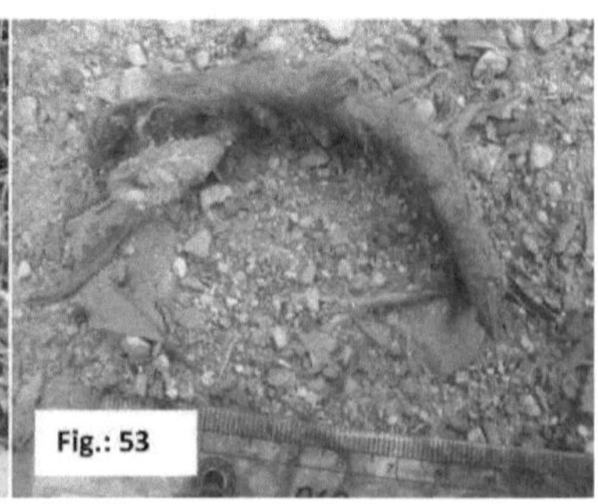

Fig. 52: Excremento de elefante. **Fig.53: Excremento de Leopardo.**

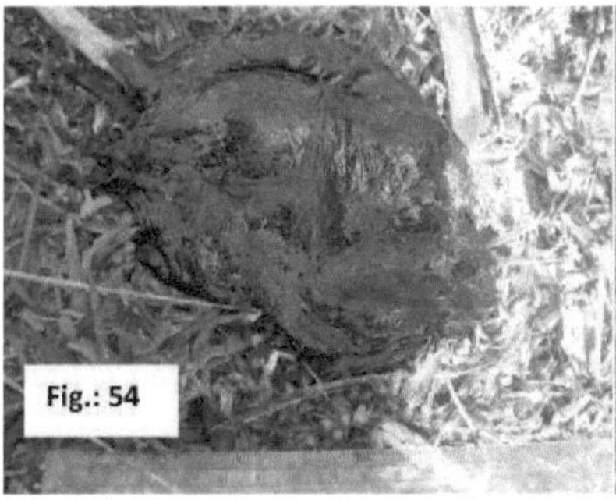

Fig. 54: Excremento de cão selvagem. **Fig.55: Excremento de** veado de **Sambhar (Sambar)**.

Fig. 56: Excremento de Bisão. **Fig. 57: Excremento** de Leopardo mostrando ossos não digeridos e concha.

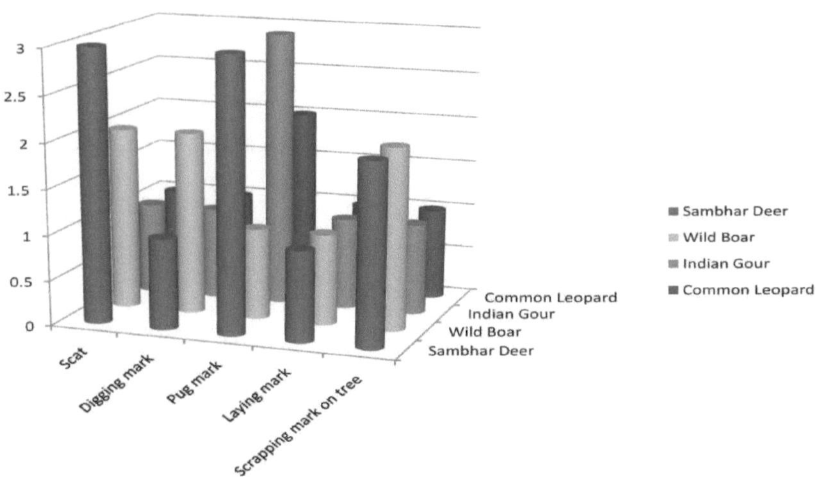

Gráfico de colunas n.º 4: Mostra a abundância e o padrão de distribuição de evidências indirectas da presença de vida selvagem na floresta de Patlakhawa.

e *Panthera pardus* (Leopardo-comum). O gráfico da coluna do **cilindro n.º 4** mostra também o padrão de distribuição das evidências **indirectas e** a **riqueza da vida selvagem na** floresta de Patlakhawa.

Durante os estudos efectuados **na** floresta de **Lataguri**, **verificou-se que o Gour** indiano **ou** *Bison bison* e o ***Elephas*** *maximus indicus, o* elefante indiano, são os animais **selvagens** dominantes **desta** floresta. O máximo de amostras obtidas **como evidências** indirectas **foram marcas de dejectos e de pug**, **seguidas** de marcas de escavação e **marcas de** postura**.** As marcas de **raspagem** nas árvores **são** as menos **evidentes**, com um **valor de dominância de** 0,25**, um** índice de Shannon de 1,**386**, um **índice de Simpson** de 0,75 e **um** índice de Berger-Parker de 0,25. Na floresta de Patlakhawa encontrámos a presença de **evidências** indirectas **de** quatro espécies, *nomeadamente Elephas maximus indicus,* elefante indiano;

QUADRO N.º 7 : DADOS MÉDIOS ANUAIS DE EVIDÊNCIAS INDIRECTAS DE VIDA SELVAGEM ENCONTRADAS NA GAMA DE LATAGURI, DIVISÃO DE JALPAIGURI (Área florestal: 3104,39 hectares Área de inquérito: 6 KM)					
Nome do animal	**Escória**	**Marca de escavação**	**Marca de pug**	**Marca de assentamento**	**Marca de raspagem na árvore**
Elefante indiano	2	1	2	1	1
Gour indiano	1	1	2	2	1
Javali	1	2	1	1	1
Leopardo-comum	2	1	1	1	1

ÍNDICES DIFERENTES (Gerados por PAST)					
0	**A**	**B**	**C**	**D**	**E**
Taxa_S	4	4	4	4	4
Indivíduos	6	5	6	5	4
Domínio_D	0.2778	0.28	0.2778	0.28	0.25
Shannon_H	1.33	1.332	1.33	1.332	1.386
Simpson_1-D	0.7222	0.72	0.7222	0.72	0.75
Berger-Parker	0.3333	0.4	0.3333	0.4	0.25

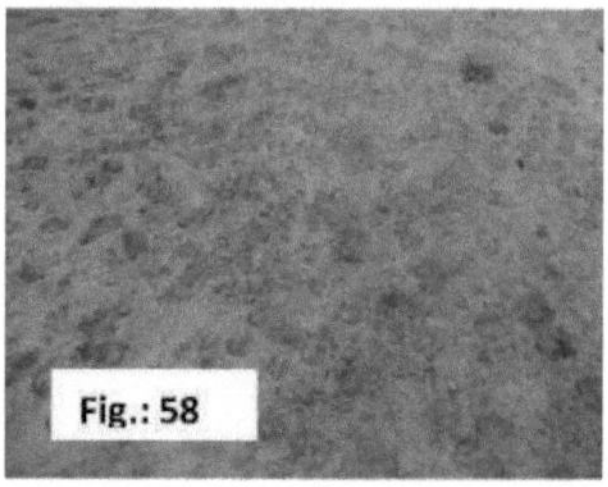

Fig. 58 Vários tipos de marcas de **pug** no leito **do rio.**

Gráfico de Coluna nº 5: Mostra a abundância e distribuição de evidências indirectas da presença de fauna na floresta de Lataguri.

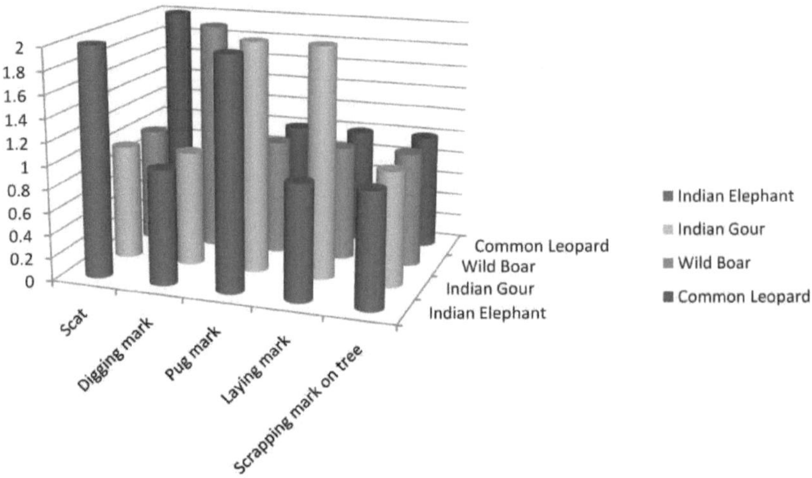

Fig 59 Frutos de **árvore** caída por **macacos.**
Bison bison, **Gour** indiano; *Sus scrofa,* Javali; e ***Panthera pardus,*** Leopardo comum. A abundância e a distribuição **da** presença de **evidências indirectas de** diferentes espécies **selvagens** podem ser observadas na Tabela n.º 7 e no **Gráfico** da Coluna do **Cilindro n.º 5.**

Na floresta de Moraghat, encontrámos *Sus scrofa,* javali **e** o leopardo-comum**,** *Panthera pardus,* **como** animais selvagens dominantes (ver **Quadro** 8). Durante os nossos **estudos, encontrámos o** máximo de amostras de **excrementos como provas** indirectas com um valor de **dominância** de 0,2813**, um** índice de Shannon de 1,**321**, um índice de Simpson **de** 0,**7188 e um** índice de Berger-Parker de 0,375. **As amostras** mínimas **obtidas como provas** indirectas foram consideradas marcas de **raspagem** na árvore. Aqui, **em** Moraghat, **encontrámos** quatro espécies através do estudo da sua presença por **provas** indirectas**:** *Sus scrofa,* javali; *Bison bison,* gour indiano; *Panthera pardus,* leopardo comum*; e Elephas maximus indicus,* **elefante** indiano. A abundância **e** o padrão de **distribuição** de

Fig. 60: **Torre de** vigia em Buxa N. P. **Fig. 61:** Torre de vigia em **Jaldapara** N. P.

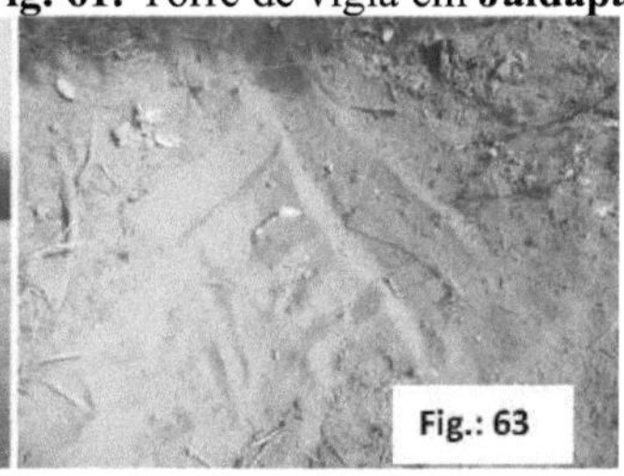

Fig. 62: Viagem pelo **leito do rio. Fig. 63: Marca** de **colocação** do **bisonte** no leito do rio.

Fig. 64: Marca de pug de **elefante**. **Fig. 65:** Um "Templo" (das tribos**, que** acreditam que Deus protegerá a floresta) dentro da **zona** tampão da floresta de Baikunthapur.

Evidências indirectas da presença de **vida** selvagem também **podem** ser **vistas** no Quadro da Coluna de Cilindros nº: 6 (ver Fig. nº**:** 58, 59, 60**,** 61, **62**, 63, 64 e 65 para **evidências**).

QUADRO N.º 8: DADOS MÉDIOS ANUAIS DE EVIDÊNCIAS INDIRECTAS DE VIDA SELVAGEM ENCONTRADAS NA GAMA DE MORAGHAT, DIVISÃO DE JALPAIGURI (Área florestal: 5535,79 hectares / Área de inquérito: 6 KM)					
Nome do animal	**Escória**	**Marca de escavação**	**Marca de pug**	**Marca de colocação**	**Marca de raspagem na árvore**
Javali	3	2	1	1	1

Gour indiano	1	1	1	2	1
Leopardo-comum	2	1	3	1	1
Elefante indiano	2	1	1	1	1
ÍNDICES DIFERENTES (Gerados por PAST)					
0	**A**	**B**	**C**	**D**	**E**
Taxa_S	4	4	4	4	4
Indivíduos	8	5	6	5	4
Domínio_D	0.2813	0.28	0.3333	0.28	0.25
Shannon_H	1.321	1.332	1.242	1.332	1.386
Simpson_1-D	0.7188	0.72	0.6667	0.72	0.75
Berger-Parker	0.375	0.4	0.5	0.4	0.25

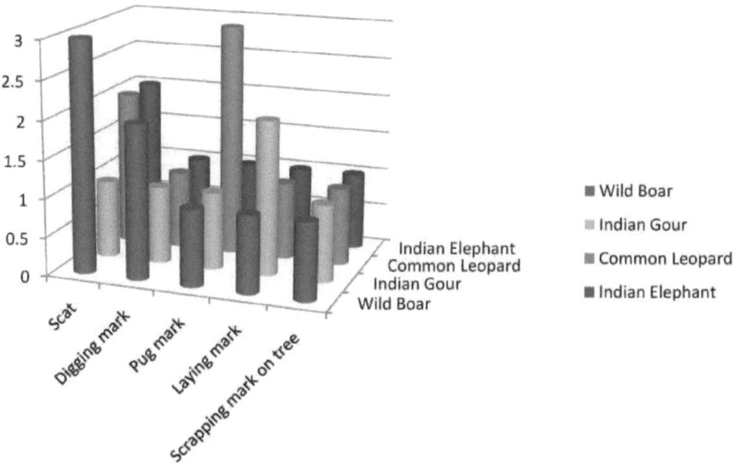

Gráfico de colunas n.º 6: Mostra a abundância e o padrão de distribuição das evidências indirectas da presença de vida selvagem na floresta de Moraghat.

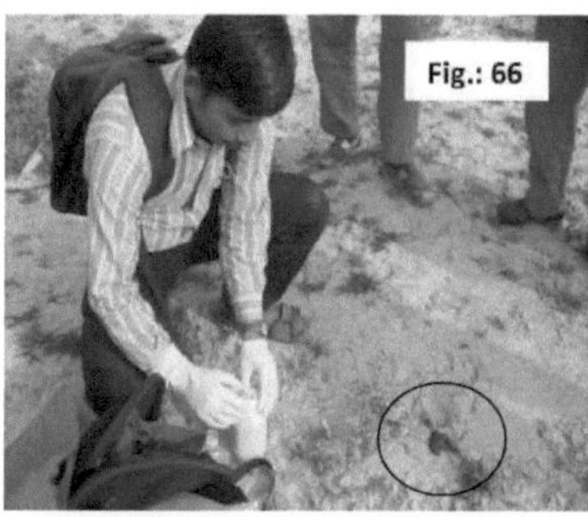

Fig. 66: Recolha de excrementos de cão selvagem. **Fig. 67: Dejetos de Rinoceronte.**

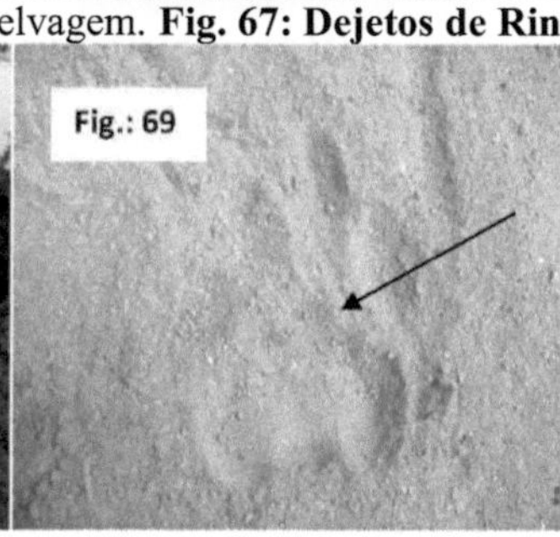

Fig. 68: Coleção de marcas de pug de bisonte. **Fig. 69: Marca de** pug de Leopardo.

Fig. 70: Esterco de veado de Sambhar. **Fig. 71:** Excremento de **Leopardo.**

A floresta de Baikunthapur é também uma floresta importante em Dooars. Aqui encontrámos o leopardo-comum, *Panthera pardus,* como a espécie selvagem dominante (ver quadro n.º 9). Para além do *Panthera pardus,* também encontramos aqui *o Rhinoceros unicornis* (rinoceronte indiano de um só chifre), o *Elephas maximus indicus* (elefante indiano) e o *Sus scrofa* (javali) (ver Fig. n.º 66, 67, 68, 69, 70 e 71 para evidências). Durante os nossos estudos, encontrámos o máximo de amostras de excrementos como provas indirectas com um valor de dominância de 0,3719, um índice de Shannon de 1,169, um índice de Simpson de 0,6281 e um índice de Berger-Parker de 0,5455. As amostras mínimas obtidas como provas indirectas foram marcas de postura e marcas de raspagem na árvore.

A abundância e o padrão de distribuição das evidências indirectas da presença de vida selvagem na floresta de Baikunthapur também podem ser observados através da análise do gráfico da coluna do cilindro n.º 7.

QUADRO N.º 9: DADOS MÉDIOS ANUAIS DE EVIDÊNCIAS INDIRECTAS DE VIDA SELVAGEM ENCONTRADAS NA DIVISÃO DE BAIKUNTHAPUR (Área florestal: 22882,58 hectares / Área de inquérito: 6 KM)

Nome do animal	Escória	Marca de escavação	Marca de pug	Marca de assentamento	Marca de raspagem na árvore
Rinoceronte	2	1	3	1	1

Leopardo-comum	6	1	2	1	1
Elefante indiano	2	1	1	1	1
Javali	1	2	1	1	1
ÍNDICES DIFERENTES (Gerados por PAST)					
0	A	B	C	D	E
Taxa_S	4	4	4	4	4
Indivíduos	11	5	7	4	4
Domínio_D	0.3719	0.28	0.3061	0.25	0.25
Shannon_H	1.169	1.332	1.277	1.386	1.386
Simpson_1-D	0.6281	0.72	0.6939	0.75	0.75
Berger-Parker	0.5455	0.4	0.4286	0.25	0.25

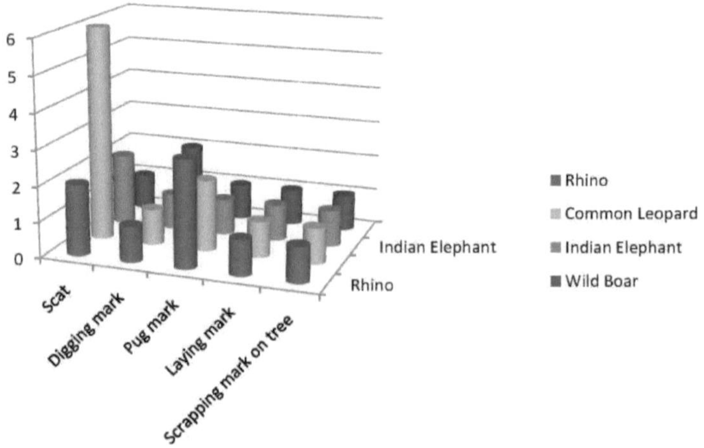

Gráfico de colunas n.º 7: Mostra a abundância e o padrão de distribuição das evidências indirectas de vida selvagem presentes na floresta de Baikunthapur.

Fig. 72: Quadro de exposição na floresta de **Patlakhawa** mostrando diferentes aves **terrestres**, disponível na zona **húmida de** Rosomoti. **Fig. 73:** O mesmo tipo de **expositor** com aves aquáticas, **disponível na zona húmida de** Rosomoti (sob a floresta de Patlakhawa).

CAPÍTULO 4

DISCUSSÃO

Para além das razões **naturais**, não há dúvida de **que** as **perturbações** antropogénicas são a principal causa da perda de biodiversidade, e **Dooars** não é uma **exceção**. A posição geográfica das várias florestas de Dooars **é** muito importante. Em **todas as** direcções **de** Dooars existe uma linha de **fronteira** internacional ou a fronteira internacional **está** muito próxima**,** pelo que a caça furtiva é o principal **obstáculo** à sobrevivência da **vida selvagem** nestas regiões**,** porque existe uma **grande** procura de chifres de rinoceronte, garras, ossos **e** **peles de** vários animais selvagens na China e noutros países**, o que** é evidente nas notícias diárias dos **jornais.** Outro problema **antropogénico** importante é a **presença** de estradas (NH 31) e de vias férreas em algumas partes **das** florestas de Dooars; por **conseguinte,** ocorrem regularmente acidentes graves (ver Fig. n.º 74, 75 e 76).

সংখ্যা বাড়ছে পরিবারে, 'হোম রেঞ্জে' বাধা পেয়েই লোকালয়ে দাপাচ্ছে দাঁতাল-রা

Fig. 74: Mostrando uma **reportagem** de um jornal local sobre os distúrbios antropogénicos na **região** de Dooars (Distúrbios na "**área de** residência" dos **elefantes** em diferentes florestas)**.**

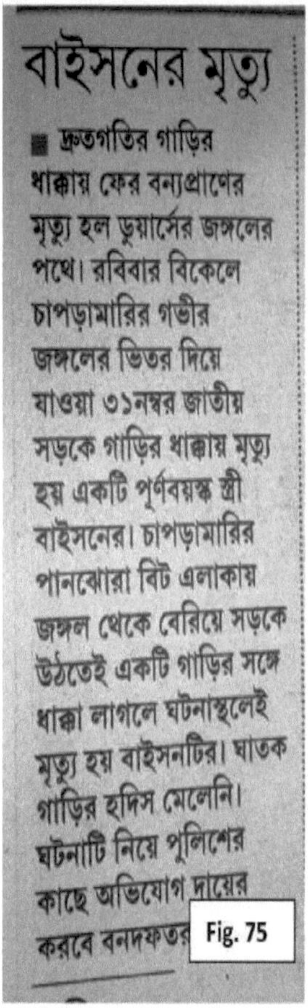

বাইসনের মৃত্যু

■ দ্রুতগতির গাড়ির ধাক্কায় ফের বন্যপ্রাণের মৃত্যু হল ডুয়ার্সের জঙ্গলের পথে। রবিবার বিকেলে চাপড়ামারির গভীর জঙ্গলের ভিতর দিয়ে যাওয়া ৩১নম্বর জাতীয় সড়কে গাড়ির ধাক্কায় মৃত্যু হয় একটি পূর্ণবয়স্ক স্ত্রী বাইসনের। চাপড়ামারির পানঝোরা বিট এলাকায় জঙ্গল থেকে বেরিয়ে সড়কে উঠতেই একটি গাড়ির সঙ্গে ধাক্কা লাগলে ঘটনাস্থলেই মৃত্যু হয় বাইসনটির। ঘাতক গাড়ির হদিস মেলেনি। ঘটনাটি নিয়ে পুলিশের কাছে অভিযোগ দায়ের করবে বনদফতর

Fig. 75

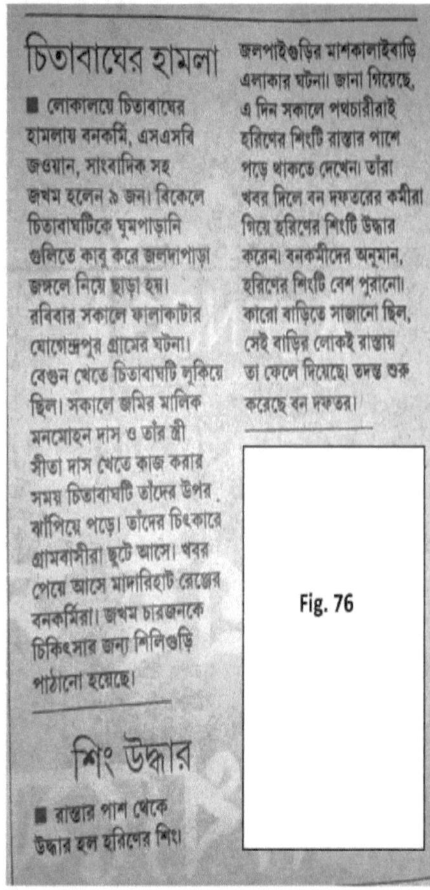

চিতাবাঘের হামলা

■ লোকালয়ে চিতাবাঘের হামলায় বনকর্মি, এসএসবি জওয়ান, সাংবাদিক সহ জখম হলেন ৯ জন। বিকেলে চিতাবাঘটিকে ঘুমপাড়ানি গুলিতে কাবু করে জলদাপাড়া জঙ্গলে নিয়ে ছাড়া হয়। রবিবার সকালে ফালাকাটার যোগেন্দ্রপুর গ্রামের ঘটনা। বেগুন খেতে চিতাবাঘটি লুকিয়ে ছিল। সকালে জমির মালিক মনমোহন দাস ও তাঁর স্ত্রী সীতা দাস খেতে কাজ করার সময় চিতাবাঘটি তাঁদের উপর ঝাঁপিয়ে পড়ে। তাঁদের চিৎকারে গ্রামবাসীরা ছুটে আসে। খবর পেয়ে আসে মাদারিহাট রেঞ্জের বনকর্মিরা। জখম চারজনকে চিকিৎসার জন্য শিলিগুড়ি পাঠানো হয়েছে।

শিং উদ্ধার

■ রাস্তার পাশ থেকে উদ্ধার হল হরিণের শিং। জলপাইগুড়ির মাশকালাইবাড়ি এলাকার ঘটনা। জানা গিয়েছে, এ দিন সকালে পথচারীরাই হরিণের শিংটি রাস্তার পাশে পড়ে থাকতে দেখেন। তাঁরা খবর দিলে বন দফতরের কর্মীরা গিয়ে হরিণের শিংটি উদ্ধার করেন। বনকর্মীদের অনুমান, হরিণের শিংটি বেশ পুরানো। কারো বাড়িতে সাজানো ছিল, সেই বাড়ির লোকই রাস্তায় তা ফেলে দিয়েছে। তদন্ত শুরু করেছে বন দফতর।

Fig. 76

Fig. 75: Reportagem de um jornal (em bengali) sobre a morte de um bisonte **na** NH 31 (autoestrada nacional). **Fig. 76: Reportagem** dos meios de comunicação social sobre **o** ataque de um **leopardo na** zona de **Jaldapara** e reportagem sobre a recuperação de um corno de veado **em Jalpaiguri** (de um jornal noticioso bengali).

Durante este ano de estudos sobre a presença de provas indirectas de vida **selvagem** em diferentes parques nacionais e parques não nacionais de Dooars, verificou-se que, para além das perturbações **antropogénicas** acima referidas, **a biodiversidade** destes parques nacionais continua a ser muito rica. A análise **das provas** indirectas revela a presença de muitos tipos de vida selvagem nos parques nacionais de Jaldapara, Gorumara e Buxa, bem como nas florestas de Patlakhawa, Lataguri, Moraghat e Baikunthapur. Foram obtidas evidências de dejectos, marcas de pug, marcas de postura, marcas de escavação e marcas de arranhões nas árvores em diferentes locais das diferentes florestas, o que sugere indiretamente a presença de uma rica biodiversidade. No entanto, pode surgir alguma dúvida quanto à independência do excremento ou da marca de pug ou de outras evidências - pertencerão essas evidências a diferentes animais selvagens ou ao mesmo indivíduo? Durante este estudo, não existe a possibilidade de analisar todas e cada uma das amostras de evidências a nível molecular; por isso, dependi do pessoal florestal e das suas experiências. Além disso, há muito pouca literatura disponível sobre estudos da presença de evidências indirectas de animais selvagens; por isso, fazer qualquer comentário conclusivo pode ser um exagero. No entanto, quaisquer que sejam os resultados obtidos durante este estudo, é evidente que, até à data, os parques nacionais e outras florestas de Dooars apresentam uma biodiversidade muito rica.

REFERÊNCIAS

Berger, Wolfgang H.; Parker, Frances L. (junho de 1970): "Diversidade de Foraminíferos Planctónicos em Sedimentos de Mar Profundo". *Science* **168** (3937):1345-1347.doi:10.1126/science.168.3937.1345.

Callaghan, J.; McAlpine, C.; Mitchell, D.; Thompson, J.; Bowen, M.; Rhodes, J.; Jong, Carol de; Domalewski, R. e Scott, A. (2010): Classificação e mapeamento da qualidade do habitat do coala para o planejamento da conservação com base em evidências indiretas do uso de espécies de árvores: um estudo de caso de Noosa Shire, sudeste de Queensland. *Investigação sobre a vida selvagem.* **32 (2)**: 1102 - 1118

Datta, A.; Anand, M. O. e Naniwadekar, R. (2008): Florestas vazias: Large carnivore and prey abundance in Namdapha National Park, north-east India. *Science Direct: Elsevier.* **141**: 1429 - 1435.

Estudo florestal da Índia, 2009: Forest and Tree Resources in States and Union Territories, 7.29 West Bengal, Forest Survey of India, http://www.fsi.nic.in/sfr_ 2009/ westbengal. pdf (2013).

Herfindahl, O. C. (1950): Concentration in the U.S. Steel Industry. Dissertação de doutoramento não publicada, Universidade de Columbia.

Hill, M. O. (1973): "Diversidade e regularidade: uma notação unificadora e suas consequências". *Ecology* **54**: 427-432. doi:10.2307/1934352.

Hirschman, A. O. (1945): National power and the structure of foreign trade. Berkeley.

Hunter, P. R.; Gaston, M. A. (1988): "Índice numérico da capacidade discriminatória dos sistemas de tipagem: uma aplicação do índice de diversidade de Simpson". J *Clin Microbiol* **26** (11): 2465-2466. PMID 3069867.

Jost, L. (2006): "Entropia e diversidade". *Oikos* **113**: 363-375. doi:10.1111/j.2006.0030-1299.14714.x.

Little, S. J.; Harcourt, R. G. e Clevenger, A. P. (2002): Do wildlife passages act as prey traps? *Biological Conservation: Elsevier.* **107**: 135 - 145.

Manoj, K.; Bhattacharyya, R. e Padhy, P. K. (2013): Cenários florestais e de vida selvagem do norte de Bengala Ocidental, Índia: A Review. *Revista*

Internacional de Investigação em Ciências Biológicas. **2 (7)**: 70 - 79.

Shannon, C. E. e Weaver W. (1948): A mathematical theory of communication (Uma teoria matemática da comunicação). *The Bell System Technical Journal*, 27, 379-423 e 623-656.

Sharma, A. A.; Sarkar, P. e Chaudhry, S. (2013): Pesquisa de status sobre carnívoros e presas no Parque Nacional Kalesar e Santuário de Vida Selvagem em Haryana, Índia. *Jornal de Biodiversidade e Ciências Ambientais.* **3 (7)**: 22 - 28.

Simpson, E. H. (1949): "Measurement of diversity". Nature **163**: 688. doi:10.1038/163688a0.

Relatório sobre as Florestas do Estado 2010-2011: Governo de Bengala Ocidental, Direção das Florestas, Gabinete do Conservador-Chefe Principal das Florestas e Chefe da Força Florestal, Aranya Bhaban, Salt Lake, Calcutá, http://westbengalforest.gov.in/ /SFR-2010-2011.pdf (2012).

Tuomisto, H. (2010a): "A diversity of beta diversities: straightening up a concept gone awry. Parte 1. Definindo a diversidade beta como uma função da diversidade alfa e gama".*Ecography* **33**: 2-22. doi :10.1111/j.1600-0587.2009.05880.x.

Tuomisto, H. (2010b): "Uma terminologia consistente para quantificar a diversidade de espécies. Sim, ela existe?". *Oecologia* **4**: 853-860. doi :10.1007/s00442-010- 1812-0.

RESUMO

Observar a vida selvagem no seu habitat natural, *ou seja,* nas florestas, é apenas um fator casual. O animal selvagem evita sempre a existência de seres humanos. Por isso, muitos visitantes das florestas expressam frequentemente a sua infelicidade relativamente à presença de animais selvagens em qualquer tipo de floresta. No entanto, há uma forma de observar a vida selvagem estudando os indícios indirectos da sua presença.

A região de Dooars situa-se no sopé dos Himalaias orientais e é naturalmente muito rica em diversidade de vida selvagem. Devido a este facto, existem vários tipos de florestas em Dooars. Existem muitos parques nacionais, santuários de vida selvagem, bem como reservas de tigres nesta região.

Com a devida autorização das autoridades e na presença do pessoal florestal, foram recolhidos muitos tipos de provas nas florestas. Estes indícios incluem marcas de pug, marcas de mentira, marcas de arranhões, dejectos, marcas de escavação, etc. A análise e o estudo das provas indirectas da presença de vida selvagem revelam que a região de Dooars continua a ser muito rica em termos de vida selvagem.

No entanto, tal como acontece em muitas florestas da Índia, a vida selvagem da região de Dooars é também propensa a intervenções antropogénicas, especialmente a bolsas e a perturbações causadas pelo transporte. Devido a muitos problemas internacionais e nacionais, a vida selvagem de Dooars está a diminuir gradualmente. As autoridades não podem deixar de assumir as suas responsabilidades na proteção da vida selvagem de Dooars. A relação entre a vida selvagem e a população humana é parte integrante da vida nos Dooars. Nós, humanos, só podemos sobreviver se protegermos estas florestas e a sua vida selvagem.

MIX
Papier aus verantwortungsvollen Quellen
Paper from responsible sources
FSC® C105338

Printed by Books on Demand GmbH, Norderstedt / Germany